U0350226

民国ABC丛书

生活进化史ABC

刘叔琴 著

知识产权出版社

全国百佳图书出版单位

图书在版编目（CIP）数据

生活进化史ABC / 刘叔琴著. — 北京：知识产权出版社，2017.1

（民国ABC丛书 / 徐蔚南等主编）

ISBN 978-7-5130-4565-0

Ⅰ.①生… Ⅱ.①刘… Ⅲ.①人类进化—基本知识 Ⅳ.①Q981.1

中国版本图书馆CIP数据核字（2016）第261828号

责任编辑：宋　云　刘　江　　　　责任校对：谷　洋

封面设计：**sun**工作室　　　　　　责任出版：刘译文

生活进化史ABC

刘叔琴　著

出版发行：知识产权出版社有限责任公司		网　　址：http://www.ipph.cn	
社　　址：北京市海淀区西外太平庄55号		邮　　编：100081	
责编电话：010-82000860 转 8344		责编邮箱：liujiang@cnipr.com	
发行电话：010-82000860 转 8101/8102		发行传真：010-82000893/ 82005070	
印　　刷：北京科信印刷有限公司		经　　销：各大网上书店、新华书店及相关专业书店	
开　　本：880mm×1230mm　1/32		印　　张：4.125	
版　　次：2017 年 1 月第 1 版		印　　次：2017 年 1 月第 1 次印刷	
字　　数：43 千字		定　　价：20.00 元	

ISBN 978-7-5130-4565-0

再版前言

　　民国时期是我国近现代史上非常独特的一个历史阶段，这段时期的一个重要特点是：一方面，旧的各种事物在逐渐崩塌，而新的各种事物正在悄然生长；另一方面，旧的各种事物还有其顽固的生命力，而新的各种事物在不断适应中国的土壤中艰难生长。简单地说，新旧杂陈，中西冲撞，名家云集，新秀辈出，这是当时的中国社会在思想、文化和学术等各方面的一个最为显著的特点。为了向今天的人们展示一个更为真实的民国，为了将民国文化的精髓更全面地保存下来，本社此次选择了世界书局于1928~1933年间出版发行的ABC丛书进行整理再版，以飨读者。

　　世界书局的这套 ABC 丛书由徐蔚南主编，当时所宣扬的丛书宗旨主要是两个方面：第一，"要把各种学术通俗起来，普遍起来，使人人都有获得各种学术的机会，使人人都能找到各种学术的门径"；第二，"要使中学生、大学生得到一部有系统的优良的教科书或参考书"。因此，ABC 丛书在当时选择了文学、中国文学、西洋文学、童话神话、艺术、哲学、心理学、政治学、法律学、社会学、经济学、工商、教育、历史、地理、数学、科学、工程、路政、市政、演说、卫生、体育、军事等 24 个门类的基础入门书籍，每个作者都是当时各个领域的知名学者，如茅盾、丰子恺、吴静山、谢六逸、张若谷等，每种图书均用短小精悍的篇幅，以深入浅出的语言，向当时中国的普通民众介绍和宣传各个学科的知识要义。这套丛书不仅对当时的普通读者具有积极的启蒙意义，其中的许多知识性内容和基本观点，即使现在也没有过时，仍具有重要的参考价值，因此也非常适合今天的大众读者阅读和参考。

本社此次对这套丛书的整理再版，将原来繁体竖排转化为简体横排形式，基本保持了原书语言文字的民国风貌，仅对部分标点、格式进行规范和调整，对原书存在的语言文字或知识性错误，以及一些观点变化等，以"编者注"的形式加以标注，以便于今天的读者阅读。希望各位读者在阅读本丛书之后，一方面能够对民国时期的思想文化有一个更加系统、深刻的了解，另一方面也能够为自己的书橱增添一份用于了解各个学科知识要义的不可或缺的日常读物。

知识产权出版社

2016 年 11 月

ABC 丛书发刊旨趣

徐蔚南

西文 ABC 一语的解释，就是各种学术的阶梯和纲领。西洋一种学术都有一种 ABC，例如相对论便有英国当代大哲学家罗素出来编辑一本《相对论 ABC》，进化论便有《进化论 ABC》，心理学便有《心理学 ABC》。我们现在发刊这部 ABC 丛书有两种目的：

第一，正如西洋 ABC 书籍一样，就是我们要把各种学术通俗起来，普遍起来，使人人都有获得各种学术的机会，使人人都能找到各种学术的门径。我们要把各种学术从智识阶级的掌握中解放出来，散遍给全体民众。

ABC 丛书是通俗的大学教育,是新智识的泉源。

第二,我们要使中学生、大学生得到一部有系统的优良的教科书或参考书。我们知道近年来青年们对于一切学术都想去下一番工夫,可是没有适宜的书籍来启发他们的兴趣,以致他们求智的勇气都消失了。这部 ABC 丛书,每册都写得非常浅显而且有味,青年们看时,绝不会感到一点疲倦,所以不特可以启发他们的智识欲,并且可以使他们于极经济的时间内收到很大的效果。ABC 丛书是讲堂里实用的教本,是学生必办的参考书。

我们为要达到上述的两重目的,特约海内当代闻名的科学家、文学家、艺术家以及力学的专门研究者来编这部丛书。

现在这部 ABC 丛书一本一本的出版了,我们就把发刊这部丛书的旨趣写出来,海内明达之士幸进而教之!

一九二八,六,二九

序　言

一

　　无论那种学科，向来有两种说法：一种横的，一种纵的；横的是平叙，纵的是直叙，譬如经济，平叙的便是所谓经济学，直叙的便是所谓经济史。

二

　　无论那种学科，向来又有两种究研法：一种演绎的，一种归纳的。在经济学上也是如此。譬如先认定人是会死的东西，因而推论到某

1

甲会死，某乙也会死：这是演绎的方法，英吉利底正统学派（Orthodox School）属之。反是，见了某甲之死，某乙又死，因而推论到人是会死的东西：这是归纳法，德意志底历史学派（Historical School）属之。

三

经济是什么？人类生活里面的有秩序有系统的状态而且和衣、食、住相关的，都是经济。所以，经济史无非是生活史底一部分。

四

生活是什么？生活是人类维持生命、延长生命、充实生命的过程。由这个过程去到达一种目标，目标便在乎生命。生命所在，必有生活；反转来说，生活中无不有生命。所以，过程中段段有目标；各目标无不是过程底一段。进了一段过程，到达一个目标；达了一个目标，进行一段过程。这叫做"追求"。追求是生活底核心。人生底快乐由此，人生底苦恼也由此。

五

有追求才有进化，进化是大自然底法则。

六

这部生活进化史，是用了纵的直叙的经济史，归纳地来说明进化原则在人类生活史里的作用。这个作用最大的成效，便是使人们会制造工具、改良工具。人们会制造或改良工具，衣、食、住才得有进化底可能，生活才能向上。这是由动物中所以会变出人类来的唯一的理由。所以，生活进化史也可以说便是衣、食、住进化史；衣食住进化史也可以说便是工具进化史。民族强弱之分，国家文野之差，无非是工具良否之所致。

七

人们应该尽量地追求你们底目标（生命底维持、延长、充实），尽量地进化你们底过程（生活、衣、食、住底改善）。这是人们底权利，也是人们底义务。快乐在此，苦恼也在此。能进化时应努力进化。否则，应该起来革新！

八

著者有一部《民众世界史》要出版，是从另一面叙述和本书同样进化原则的，可以

序 言 ‖

帮助读者更加明白些进化和革命底通理，希
望会去参照。

著者

一九二八、七、九

目　录

1

目 录 ‖

Chapter **01**

第一章

总　论

第一章　总　论 ||

一、本书底目的

　　普通人都是这样想，世界上最大的浪费，莫过于战争。譬如 1914~1918 年的世界大战，有人估计因它而起的直接的、间接的损失总额，当在 70.4 万亿元以上。这确实是个极大的浪费。但是据有力的学者说，普通人每天所耗费的只有他自己底体力十分之五，脑力十分之二点五呢！如果这话是对的，那末，这个浪费之大，不知道要大过战争底浪费几倍、几十倍、几百倍、几千倍、几万倍、几万万倍啊！这岂不是一个大大的社会问题，而且责任似乎是落在教育者底身上。生活问

3

题底应该研究，这便是十足的证据。我们已经知道人们虽然都赋有着那样伟大的潜伏力，却因种种关系，不能尽量发挥、使人人都得过美满充足的生活，这不是一个大大的社会问题吗？

真的，人们底能力无论肉体方面或精神方面，都还有许多可以发展的余地。假使我们能够依了进化底原则，去过更进步的生活，把那类浪费——体力十分之五，脑力十分之二点五——经济的节约起来，一定可以享受到更美满更充足的生活底幸福。

如果生活能够充实，则个人和社会，都可以受到极大的利益，一切社会问题，都可以由此解决。因为人是社会和经济底主体，人底生活问题之被视为一切问题底中心，这是当然的事情。好在近来颇有人注意到这一点，把向来看做不足轻重的衣食住以及别的生活事项，都想用科学的方法来研究，这真是一种可喜的倾向。但是我们底要求，不单在有学者研究这一类的问题，更希望能够把这一类底智识，适用到多数人底实生活方面去，使人们能率和幸福，都会向上增进。换句话讲，过那适应新时代的文化生活，是现代人对于文化底恩惠上所应该有的特权，也是所应该有的责任。能够充分地行使那特权，完成那责任，人类才能够永久地自豪为"万物之灵"，而在地球上享受优越权。

在不断的进化历程中过活的东西，统统被"适者生存"底原则所支配，所以不进化的就将退化，而生存权也将被人夺了去，只好退出那竞争场。人类想要维持"万物之灵"的局面，自非遵守那"适者生存"底原则，和时代底进步合了步调，不断地向前上进，一步一步地继续那进步的生活不可。

现在我们底所谓文化生活，不过是那生活进化底一个阶段，在目前暂时认为最高的合理的生活底表现而已；所以凡是享受现代文化生活的人，当然要有跟着时代底进步，而努力于使生活更上进一个阶段的责任。要完成这个责任，有一件不可缺的事情，就是精细地把过去的生活研究起来，明了这里面所有的终始一贯的生活进化底原理，把它应用到现在来，使"进化"这个伟大的作用，能够尽量地发挥。

本书底目的，是要把生活底由来，从根本上去推究，阐明人类何以能够站在别的动物前面，得了绝对的支配权；何以会从原始时代底野蛮生活，变到现在的文化生活；要使这生活不断地进化，常常能够和时代相适应，应该怎样？由此，才可以明了那对于要澈底❶

---

❶ 今作"彻底"。——编者注

的谋民众生活底改善，和在科学的基础上享受更进化的生活等所必须的原理原则。

二、进化与革命

人们底生活，在将来确有发达底希望；从史前的黑暗时代起，那进化底潜势力早已不断地活动而且显了它底微光。自从它底微光渐次有秩序地发达之后，到现在约计有 50 万年之久。

依苏莎兰地（Sutherland）底分类，人类底时代可以分做四个：一、野蛮人（Savages）；二、半开人（Barbarians）；三、文明人（Civilized）；四、文化人（Cultured）。各阶段又可小分之为初等、中等、高等三级，各级都有它底特性。苏氏以为那最后的高等文化阶级里的生活情形如何，实在不是现在的我们所能想象，在这一点也已可以知道进化底潜势力是无限的了。我们可以知道，人们有了现在的生活，已经是经过了很长很长的时间，将来要更向上的进一步，这是我们无可推诿的运命。

大约在这 50 万年进化底历程中，人们底精神状态，也有了显著的变迁，把那生而就有的感受性，经了久而又大的训练，才会使那残酷、压迫等原始的性质，变成了宽大、同情、怜爱等所以融合人们生活的性质。关于这一类精神的进化，现在虽然还不会有充分的研究，可是这一类的事实，确是重大的事实呀。

夫所谓进化，原是指那徐徐地把潜伏的可能性表现出来的事情；那种跟着进化所起来的变化，又是非常缓慢的，非常微少的，如果不把它所经过的极长的全时期底变迁加以精细的研究，差不多是不容易看出来的。所以，

第一章 总 论 ‖

我们若是不把史前与初代的人类底生活研究明白，差不多是无从去了解现代生活底真相。把那在短时期内看不出来的变化，改在长时期内去研究，那末，才能明了那进化底妙用。这是和粗看似乎静止，实在是不断地在生长的植物底内部底变化一样。这种在没有过大的损失和苦痛中生命能够适应着环境而起的变化，这叫发达（Development）或者进化（Evolution）。若是那变化起得非常的激急，因而生命不能迅速地和那新的事情相适应，于是乎有了极大的混乱和灾难，破坏了旧的秩序，这叫做革命（Revolution）。

所以，进化和革命底目的虽同，不过所以去达到那目的的手段却有缓急底分别。人类社会若只是向后退步趋于灭寂，当然没有问题；若是要向前进步趋于完善，那末，势必至不是靠革命就是靠进化。幸而能够顺着自

然的路径进行，那进化底作用，当然会充分
地发挥；不幸，不解进化底原理，阻碍了自然
的发达，那末，秩序就激急地乱起来，流血
的破坏，可怕的革命，也就无法回避了。法
国大革命和包尔雪维克❶大革命，都是很好的
实例。

现在，民众是早已经在新时代里觉醒了，
高唱了时代的要求，起了各种各样的文化运
动；但是，少数者底特殊阶级，仍旧还脱不了
旧的思想，想在那跟着个性底开发而引起的
思想，加以不当的压迫和妨害，这真是蔑视
了进化底伟大力的行为呀！多么危险！

人类社会是负有那不能不不断地进化的
运命的，因此，也就不能不有所变化；我们只
能极力设法去减少破坏，不靠暴动，使那进
化能够在平和中顺应地进行。为此，只有一

❶ 今作"布尔什维克"。——编者注

条方法，就是改造社会；照着社会进化底原则来做改造的工夫，虽然在时间方面或许已经多少落了伍，但我们仍旧应该一刻不停地从事做。至于那改造底根本义，应该先谋个人生活底改造，根据于进化原理的个人生活底改造底实现。为此，就不能不去阐明进化底历程，根据已经表明在过去的事实中的原理，来纠正现在民众底生活，而且用以知道如何处置未来的道理。

Chapter
第二章
02

人类的世界底开始

一、人类底出现

到了人类在地表上出现为止，地球是已经有了 100 万万年的年龄了。所以，把人类底出现这事情从地球看起来，不过是件很近很近的事情。从"亚米巴"次第进化，大约经过了 80 万万年之后，爬虫类才在世界占了霸权。它底时期约有 10 万万年之久，这叫做爬虫类时代（Age of Reptiles）。后来哺乳动物繁盛起来了，代了爬虫类横行全地，这叫做哺乳动物时代（Age of Mammals）。从这时代底初期到现在，不过 5000 万年而已。再后来，人类才在地球上面露了头角。在哺乳动物时代里，有许多呆大的动物，如象、犀、河马、野牛、野马、鹿、虎等是最普通的。后来牦也多起来了，气候也更冷了，那河马之类，逐渐归了淘汰，只有巨象——曼蒙斯——反见繁殖，所以，这时代也叫做曼蒙斯时代（Age of Mammoth）。从这时代底后期到现在，只有 50 万年左右。人类底祖先，就在那时候驱逐了曼蒙斯，成了地球底主人翁，一直到现在，这叫做人类时代（Age of Man）。

那硕大无比的曼蒙斯，居然被长不满丈的人类占了胜利，这里面底所以然，一大半当然在乎那冰河时代底自然作用；还有一部分却不能不归功于人类底本身，人类学会了使用械具和火的本领。

据说，有所谓 Propliopithecus 这种动物，是人与猿的共同祖先。从它以后，人类

与猿类才各向各的路径发达。一方就成为不
大有势力的现在的猿类，又一方却成了非常
有势力的人类。通常多有人说，人类是从猿
类进化过来的，这话是错的，人和猿不过是
从一个老祖宗——现在已经消灭了——分下来
而已。

　　人类从下等动物逐渐进化的阶段，这事情
很可以从胎儿在母体中的发育上看出来。在
生前九个月间，胎儿发育底状态，很明白的
表示了人类进化底经过。其第一期是单细胞
的原生动物，逐渐发达之后，胎儿就变做蠕
虫类、鱼类、两栖类、爬虫类、有尾四足爬
虫类底样子。

　　有过很长时期的进化底顺序，在胎儿底
发育上，却把它集中于极短的几周里。虽说
人类是跟着进化底原则，不能不向前进，但
幼儿出生的时光，它底本体实在还是非常的

幼稚。从解剖看起来，它和能够直立步行的
人类底相差，实在是比和四足动物底相差还
要来得远。即使在已经充分成长的大人，也
还有可以证明是下等动物底遗痕的机关。譬
如在人类虽然已是无用的长物，而在他们底
祖先则为很有用的所以动耳壳的筋肉，三个
或四个底尾骨，所以动尾的纤维组织等是。

二、猿人何以会变成人类

从人和猿底共同祖先的 Propliopithecus
进化到人类初期的东西，平常叫做"猿人"
（Apeman）。它底头是一半像人，一半像
猿。依学者底研究，所谓"爪哇底原人"
（Pithecanthropus of Java）就是猿人，是
真的人类，是我们底祖先。这猿人和猿类不
同的特征是：它有使用前肢比使用后肢来得多
的习惯，因而使前肢越发活泼，后肢有不借

助前肢而独立步行的必要，便慢慢地学会了直立步行的本领。从此他们就没有一定要和猿类同栖在树上的必要，逐渐向地上去生活。在这种环境下的猿人 Pithecanthropus 和后来找出来的 Heidelbergman——不过找出他们底遗骨——都是位在猿类和人类的共同祖先的 Propliopithecus 和人类的中间的真正人类底祖先。他们在 25 万年前，才逐渐地把他们底特性显了出来。从这一类祖先的时代一直到现在就是所谓人类的世界。

人类时代和兽类时代相比，实在有个很大的差异，而其所以不同的原因，则不外乎猿类永远是四足动物，而人类却变成了有活泼的两手的两足动物了。

我们现在所要推究的是：从兽世变成人世这中间底变化，换句话讲，就是何以只有那有着半人半猿的头脑的猿人会变到现在这样子的人类？这里面就藏着经济进步底秘钥。现在且把那所以然的理由择要列举如下：

第一，因为能够直立步行，使两只前肢益得自由。

第二，因为前肢底活动自由，它使用的地方更多，逐渐发达起来，连从前所不能做的动作，现在也都能够做了。

第三，结果，脑力也跟着次第发达，因而诱起许多新的欲望，和所以满足那些欲望的行为。

第四，手因了不断的活动，使五指起了很显著的发达，尤其是那拇指，它本来是弯动不自由的，现在居然能够曲而和别的四指自由地相接触。

第五，结果，能够用手握物，而且很自由。

第二章　人类的世界底开始 ||

总之，人类之所以胜于万物的，最大的理由，是在乎学会那械具和火底利用。

那械具底制造和火底使用成了人类在经济上的一个特征，这特征是使那本是动物的人变而为人的动物底根本原因。这是多数学者所公认的事实。

有几种猿类，虽然也会使用木枝、石片来做防御仇敌、分碎食物之具，但是它们只能使用，却不能制造，就是只会使用自然物所已具的原形的东西，却不会加以自己意思所要的工夫。只有人类，才会加工于自然物，使它成为自己所要的样子，这就是所谓械具（tool）。所以柯茨基说，人和动物底区别，问题不在使用械具与否，而在能够生产械具与否。

对于将来的经济进步很有关系的这械具

底使用，在最初只是极简单的木棒或石块之类，它们底用处也多限于攻击敌人或保卫自己而已。后来才使用较精致的东西，用处也不限于攻卫了。这中间底阶级，是最初武具，次械具，再次，方成为在生活上有用的器具。

人的世界底所以能够跳出兽的世界，其最要的关键，在乎械具底使用。人的世界底所以能够次第发达，到了现在的程度，其最重要的关键也在乎械具。那械具进步改良了之后，于是有利用人力以外的东西来做动力的机械，靠着机械底力量，使人底生活情形越发进步得迅速，以至乎现代的产业时代。械具真是具有不可思议的力量的东西。世界底文明史，也可以说就是械具底发达史，将来机械越进步，人底生活也自然跟着越进化。所以，人类生活进化底情形，可由研究机械发达的情形而证明。

第二章　人类的世界底开始

对于人类进化第二的重要条件是知道火底使用。德国底学者说，知道火的使用，是文明底第一步……火会使人类底生活方便，扩大了范围；人类用火而使木制的矢和枪头硬化，会使树木成舟，而且可以供驱逐野兽之用。

到了人类的世界，火底效用仍旧不绝地发挥；火底使用范围愈广，就是经济的生活愈进步。现在文化生活中所必不可少的，仍旧是火底效用。

械具的生产和火底使用，这两项真是文化底根源。何以它们有这样的大功力，何以它们在经济生活底进化上有这样的影响，我打算在次章详述。

Chapter
03
第三章

从自然生活进向经济生活

一、自然生活底发端

自从地上有了生物之后，不知道经过了几亿万年，才慢慢地从野兽的世界向人类的世界进化。然而在那人类的世界底初期底原始人所过的生活，完全是只能在自然底支配中勉强过他们底生活。所以他们底生活是非常简单的，差不多跟野兽的一样，大部分都是为着食物和异性而起的充欲行为，还不曾有充分的经济行为。我想把这一类的原始人底生活状态别名之为自然生活，和经济生活分开来研究。虽然我也知道生活底进化是须有很长的年月，才有微少的变化，自然生活和经济生活是不能够划然区别明白的。

我们底生活，不是进化就将退化。我们现在把这进化底历程，从已经过去的事实上研究起来，用以推察将来。使生活底能率更加高幸福更加大，这是可有的事情。换言之，我们底祖先，在很长时间内，所过的自然生活是怎样情形？何以能够进化到经济的生活？这些都是我们所要明白的事情。

自从地上有了生物以后的数亿万年以前的太古时代且不必说，比较地新近的爬虫类时代，也有十万万年之久，方才成了距今5000万年以前的哺乳动物底时代。到了它底末期，距今200万年，才有人类底出生，次第发达，居然成为生物底主人翁。不过真的可称做人的世界的，到现在只有50万年之久而已。

第三章　从自然生活进向经济生活 ‖

　　这个经过虽然是非常的慢，然而不绝地依着进化底原则一直到现在，这是无可再疑的事实。那末，再进一层的问题，就是到了人的世界之后，当时原始人所过的，是怎样状态的生活？又怎样进化到现在的经济生活？

　　说到那50万年人类底历史，实在是长极了，但是大部分都是和野兽相近似的生活底历史，可以认做经济生活的一段，实在是非常的短。依欧斯朋说，新石器及旧石器时代，都不过是纪元前7000~1500年间底事情。所以，自从成了人的世界以后的四五十万年间，人类所过的都是和兽类相差不多的生活。从现在我们认为人类和猿类共同祖先的Propliopithecus进一步变成人类，就是那Neanderthal man 它所过的是纯粹的自然生活。依赫胥黎底记录,它底身长是五尺三寸半、躯体非常顽强，有弯曲的股，能够曲着膝步行，眉毛后面的骨头非常地发达，有像野兽样的强大的颚骨、颐洼，能够使用极粗糙的武器去猎取犀、巨象、熊等。

后来 Cro Magnon 人种从东方移住欧罗巴，把 Neanderthalman 赶走。新来的 Cro Magnon 人，不单是勇武善猎的人们，而且是又能绘图、雕刻的美术爱好者。这些时代，也可以叫做人的世界底前半期，在这些很长很长的时期里过了纯粹不杂的自然生活。

再次，是新石器时代，人们用了敲磨出来的石器，从事于狩猎，同时，也会耕土地，栽谷物；也会制瓦器，造简陋的小屋；好妆饰；初有不完全的家族生活。拉扑克把历史以前的时代分做四期：一、粗石器时代；二、磨石器时代；三、青铜器时代；四、铁器时代。这全是根据于人类所使用的器具来区分社会底进步的阶段。人类的确是这样地从自然生活

第三章 从自然生活进向经济生活 ||

向经济生活进化的。

过自然生活有必不可少的必要条件，即便是要自然底恩惠丰富；人们要能够靠着天然底产物，不靠人力而能满足他们底欲望才可。当那时代，大地上到处是许多果树，如 Sago palm Phantain tree, Breadfruit-tree, Cocoa-palm, Date-palm 等。人们靠着这些丰富的天产物，自由地可以支持他们底生活。

假使因为人口底增加，致人们不能够把自然底恩惠自由地享受的时候，那生活底和平就被破坏，而以争夺食物为中心的各种竞争，都将随之而起，渐渐地变成争斗的世界；虽在夫妇之间，有时也不能不因此而离异，结果是优胜劣败。再到了自然所供给的食料和人口相调和，于是乎适者生存底原则，便充分地发挥了它底效力，而人类也次第开始进化了。这样想起来，和平破坏，竞争开始，争斗渐盛：这些统统是催促自然生活向经济生活进化的有力的动机。

二、在自然生活中的食物

A. 植物性食物

要完成自然生活，有两件要事：一、食欲底满足；二、性欲底满足。前者就是食物问题，后者就是男女关系问题。

在自然生活中所用的是何种底食物，关于这一层，一向有许多不同的议论。不过蒲丘（Bilcher）却这样说："依向来的说法，按照食物获得底方法，可以把原始人分做：一、猎人；二、渔人；三、牧人；四、农人。一切人类统统经过这些经济进化底四个阶段。那末最初当然是肉食的，后来因为某种的必要，才渐

第三章　从自然生活进向经济生活 ‖

渐地变了植物食。但这个说法是错误的。虽然经济行为确是从食物底获得开始，而它底状态却不能不依属于自然恩惠物底地方的分布。通常，人类最初都是靠着植物性营养物过活的，如他们居住的近旁地方有果实、浆果、根类，他们一定先尽量地采取来食用。只有必要的时候，才把小动物如贝类、虫类、甲虫、蝗蛾等捉来生食。并且他们当然是和别的下等动物一样，时常去找寻食物，所找到的，断不肯留为将来的食料，有多少就吃多少。"

在这样的生活中不知道经过了多少时间，有几次偶然看到埋在地中的球根或谷实底抽出新的植物来，他们就有意地用人工去模仿起来，这就是栽培底起源。想出这一类植物底栽培法，我以为确比发明钓钩、弓矢，或驯养牲畜底工夫来得容易些。就是说，关于农耕底幼稚的技术，比关于畜牧的，要来得容易多了。所以，我相信游牧人确是一种野蛮的农业者，不过在必要时他们才并行肉食而已。

当时的农业，当然是很简单的，先由男子整理土地，再由女子去播植稻谷或薯类，并不使用肥料，觉得这地方底地力衰薄的时候，就弃而他去。农，大概是女子底事业，它底起源是由女子为着要找寻根类才去挖掘土地。后来她们改良了耕作底技术，能够供给生活上最要的食料。到了食物底供给丰富了之后，才有比较的恒久的家族，那时候男子所从事的大致是制造武器、猎取动物性的食料。这样的农业和牧畜的技术进步了之后，才把自然生活逐步破弃，改向经济生活的方面进行。

B. 动物性食物

自然生活的食物，除了植物性食物之外，

也已采用动物性食物。小动物如蜗牛、蛆、蝼蚁、蚁等是最容易采食的材料；不过当时虽然也有许多鱼族和兽类栖息在自然界中，可惜人们所使用的械具太不完备，所以非到它们底产卵时期或别的特别时期中，差不多是无法猎取的。对于大的动物，大概用枪、矢等给它们以部分的伤痛，然后再去追逐。但这类方法又是很危险的，所以后来跟着械具改良，又发明了陷阱、笆栅、清野等方法；这已是狩猎的行为了。又从家族生活上得了合力的教训，他们渐渐知道村人全体合起来去狩猎，要比少数人做的有效。在渔猎方面也是这样，以后就常常取这样协同的行动。这对于将来政治的社会底发生，是一个重要的素因，很值得我们注意的。

C. 人肉食用

在自然生活中，有把人肉供食用的事情，

这是无可怀疑的事实。不过断不是普遍的常有的事情；只是一部分底人，在一时的必要上才采用就是了。至于人类所以会同类相食，把人肉当食料用的理由，我想当然是为着食物底缺乏，以致某部分底人，竟成了爱吃人肉的脾胃。每当战争的时候，往往有把敌人底肉取来当食用的事情，甚至于把自己底妻和子女杀了来供食用的野蛮人也有。食欲底势力真大，现在所谓文化问题，唯物主义者只把它看做胃囊的问题，这从原始人的自然生活上想起来，我们也不免要点一点头。

三、在自然生活中的男女关系

在以性欲和食欲为生活底主要动机的自然生活中，男女间底性欲的关系，一定是很梦乱的。从现在的野蛮人中的事实上想起来，在自然生活中的男女底关系，差不多都是毫

第三章 从自然生活进向经济生活

无制裁，完全和兽类一样的充欲行为。到了原始人底脑力稍微有了进步之后，男女间的关系才由小孩子起了些限制，在特定的男女间，成立了一种结婚底事实。后来又跟着人智底进步，那爱护小孩子的自然底本能，也渐渐发达了之后，人们才把保护小孩子这事情认为必要，于是乎夫妇之间加上了小孩子底连锁，起了一种比较的永久的家族生活。我们推想当时曾经施行的婚制，约有下面的四种。

A. 群婚（Group Marriage）

群婚是男子底一团——普通是兄弟——和女子底一团——普通是姊妹——相结婚，这团体底各妇女，去做各男子底妻。这种婚制，在澳洲底某部落中行了很久，现在在言语上还可以找出他们底痕迹来，他们把这个叫做 Punaluan Family。

B. 一妻多夫（Polyandry）

这是男子底一团——普通是兄弟——去做一个妇女底夫。学者对于这种婚制成立底原因，推定是因为人口中男子底数目比女子为多。●

C. 一夫多妻（Polygamy）

富而有力的男子，占了多数的妻女，这事情虽在现在还在各种的形式下面被人们默认着。妇女方面，也有愿意这种结婚底情形：这是因为业务有了多数人分担之后，自己可以安逸些；小孩子多几个，也能够使得自己底族份大起来，势力强一点。

D. 异族结婚（Exogamy）

这是男子从别的种族里夺了女子来结婚。所以有这种结婚底理由，有的说是因食物底

● 一妻多夫婚制有其复杂的历史原因，而非简单的由于男人数量比女子多。——编者注

缺乏，往往有虐杀婴女之风，以致本族里妇女底数目逐渐减少。有的说是出于原始人底本性，原始人往往不喜欢自幼相亲熟的本族女子，而欢喜从别族里去找寻陌生的异性。有的说是起乎人为的奖励，因为有些人在道德上和生理上，都把同族结婚认为不对。

在自然生活中最通行的是异族结婚：所谓掠夺结婚，在人类历史上占有很长很长的时间，凡强健而勇敢，或者是精神特别发达的男子，自然有较多的结婚机会，或者有了多数的妻女，子孙也跟着容易繁殖，而优良的人种也逐渐加起来，使社会更向前进一步。然而它底结果是人口底增加超过了食物底增加之上，于是乎自然生活就不能不破坏，而经济生活也就不能不紧跟着开始了。经济主义底发现是在此时，生活底中心变做努力与奋斗也在此时。

Chapter
第四章

04

经济生活底开始

第四章　经济生活底开始 ‖

一、自然生活底破灭

　　不用人底努力，只靠着自然底天产物而过活的，这是自然生活底特征。所以，要常常保持自然底恩惠和人口的调和，这是那种生活底根本条件。但是随着人智底进步，个人底欲望，无论数与量底那一方面，都也不绝地向前猛进，卒至只靠着自然底天产物，无论如何不能够支持人类社会底生命，这是势所必至的事情。这样，多数的人都要同一的东西，就不能不有利害底冲突，不能不起剧烈竞争，不能不靠自己底努力去维持他们底生活了。结果，就是起了破弃自然生活，进向经济生活底必要。

这样，在充欲行为的消费之外，又新起了一种生产行为；而这种行为上所必有的苦痛，就是生产行为底特色的苦痛，从此就变做人类生活中无法回避的恶魔了。照奇特说："经济行为底目的，积极的是产生快乐，消极的是回避苦痛。"的确，避苦求乐是人们底天性，所以，当从事于生产行为的时候，总归是极力想要减少苦痛，这也是有理性的人底当然有的希望，由此就发生了"最少牺牲主义"（Principle of LeastiSacrifice），就是最少的牺牲，去谋得最大的满足的经济主义。自然生活就此告终，而经济生活也就随之开始了。那经济生活底进步如何，全在乎这主义适用在生活上的程度如何。

人们自己所有的力，实在不及马力 1/20。想要把这种微弱的人底劳力，很有效地使用，势非依据经济主义不可。那末，自然有使用械具底必要了。使用械具，就是把那生产上所必有的苦痛，转嫁一部分到械具身上去。所以，生活底进步和械具底发达，这中间底关系是密切的。

二、经济行为底开始

关于经济行为底开始，我们第一个应该考究的问题是，劳动（经济行为）和游戏（充欲行为），它们在实质上差不多是同样的东西，所不同的只在形式上而已。所以，从游戏而生出劳动来，这事情是很平常的，只要看环境如何。野蛮人本来是非常懒惰的，而他们对于游戏却是往往非常的热心。譬如布西门族，● 他们族里有一种非常流行的舞蹈，他们

● 民族文化只有特色，不存在文明、野蛮之分，此说不妥。——编者注

差不多是每夜要举行的。他们在简陋的小屋门口点着许多火炬，族人团团坐起来，舞者在屋里弯着腰，支着杖，足上系着铃或者是全身涂着油、泥土，涂着彩色，再加上驼鸟底卵和羽毛的妆饰。跳舞，舞跳，一直跳舞到气喘力穷，倒在地上，或鼻子管出血为止。我们很可以由此知道野蛮人对于游戏是怎样的热心。但他们对于生产上的劳动，却又是非常的嫌恶，他们差不多是不到饥饿相迫的时候，不会注意到去找寻生活资料底事情的。

一向当游戏做的活动，后来变成劳动动作的事例很多。如去驯养动物，最初并不是为着生产底目的而去饲育有用的动物，只不过是为着娱乐用或是偶像崇拜底目的。又如产业上经济活动底起源，也是如此。也可以说是他们底特性，如很强的虚荣心、情欲、摹仿心，刺激了他们，于是乎他们喜欢在身

第四章 经济生活底开始 ||

体上涂了彩色、文身；雕斫身体底一部分；各种装饰品和假面具底使用；在树木或岩石上绘图；这种种在最初都不过是一种游戏，后来才次第到了实用化。

养饲动物也是如此，鸡是最普通的动物，差不多无论什么地方都有，山羊、豚、七面鸟、香鸭、豚鼠等是第二等普通的动物，但这一类动物最初都是被人们为着爱玩用而饲养的。他们虽然已经知道色染羽毛底方法，而不知卵、肉等可以供食用；虽然已经知道饲养牛类，而不知使役和榨乳等用，都是这个道理。他们底饲养动物，最初完全是为着奢侈，为着爱玩，一点没有经济的目的含在里面。

所以，这是从游戏发达到技术，次第进步到有益的实用的程度；却断不是像从前人所想的，在生产上有了余裕之后，才发生享乐的行为。威兹曼说："游戏比劳动来得早，艺术比生产来得早。"充欲行为底目的，是在行为底本身，就是"目的在内"的活动。生产行为的劳动底目的，是在行为之外，就是"目的在外"的活动。因为目的在外，所以那行为不过是达到那目的底一个手段，非到达到那目的时，活动就无法停止，这就是苦痛之所由。

忍了苦痛，还非活动不可，生活到了这步境遇，那有理性的人类，自然而然地想用最少的苦痛，去谋最大的生产。到这里，就起了奋斗生活底必要了。

三、奋斗的生活

在被经济主义所支配的经济生活中，有个自然生活中所不会有的新活动，这就是奋斗行为：这原是想用最少的牺牲去谋最大的效果的人们，在竞争剧烈的经济界里过活时所一定会有的行为。

文明这东西，原是要靠个人及社会底奋斗努力及争斗才能进步的，才能有财富及教化底向前上进。但那上进底程度越高，他们越想保持自己底地位，于是乎继续进步这事情也就有点困难了。当这时光，一方面个人底懒惰性也就开始增长，且阻住了奋斗底动机，卒致懒惰和奋斗底势力互相均衡：在这种社会里所有奋斗或努力的精神，已早非先知先觉者所好尚；他们所希冀的，只是和平与逸乐而已。结果是成了放肆与颓废，只好日就退化。同时，新进的奋斗者，起了新的进化底竞争，向保守主义猛进急攻，虽有所破坏，也所不顾；而社会卒也赖以向上，再进行进化底路程。

奋斗生活是社会进步底生命，这确是一个无可动摇的法则；而它底结果，又得另一个法则，就是经济生活底进步，是支配在淘汰与排斥（Selection and Rejection）中的。

人类也和别动物一样，在同时代的两个人，不会有全然同样的资质，一定有所限制；在这个限制的范围内有许多变种：有的在某点上比别人来得优，有的比别人来得劣。那较优的某点若在相当的环境里得了势力，这就是进步。

进步底所在，必有淘汰。淘汰也可以说是一种竞争。世界就是各种生活间的剧烈竞争的舞台。这类竞争，不单是在异种类底生物间有，即在同种类底生物间也有。

要之，生物进化底原则，从前就是这样，以后也还是这样，终始支配在同一的法则下面。次第依着"无可回避的不断地奋斗与竞争，无可回避的不断地淘汰与排斥，无可回避的不断地进步"而进化。

　　这样子从自然生活进入经济生活的事情，无非是奋斗的生活。要想实现经济生活越发发达，人类幸福越发圆满的社会，仍旧非继续那奋斗的生活不可。而且这奋斗一定要依着那经济主义，用最少的劳动，去谋得最大的效力。到了这一步，能率底问题，就是那efficiency 底问题，就成为我们研究的主要题目了。要能率大，最先决的问题，就是怎样才能够把械具充分地使用，使它底效能能够充分地发挥。换句话说，就是机械底发达和经济生活底进步，有怎样的关系？

自然与人的争斗

一、缺乏是经济生活底渊源

从兽世变成人世之后，人类在很长的时期里，还是过着那和野兽没有多大分别的自然生活。但是跟着人智底发展和人口底增加，人类生活上所需要的物资，也就逐渐地增加起来了，无论在质底方面或量底方面。需要既增，就觉得自然方面所能供给的物资底过于缺乏，结果，便是逼着人类不能不去开始经济的生活。

经济生活，始终是所以缓和自然与人类间不调和的努力。所以，当一个经济生活底

侧面观，把生活从自然和人类间的争斗方面
来考察，这也是重要的研究工作之一。

当然，自然如果能够不吝啬地供给人类
以生活上必要的物资，那末，就不会有经济
的问题了。物资底缺乏，确是经济底渊源，
自由物变成了经济物，才有经济的行为；许多
经济行为统一了之后，经济才得成立。在这
一点想起来，缺乏并不一定是件坏事，倒是
当个经济生活底生母而十分可以尊重的东西。
只要人们能够利用它，正可以由此看出生活
底意义来。如果缺乏底程度过大，或是人们
不能够利用的时候，它当然是不会给个人或
社会以好的影响，这是眼前事实所证明的。
无论在什么时候，在哪一国，假使人们对于
物资底缺乏，没有所以去善用许多智识和努
力，决不会有经济的进步。所以，我们应当
了解缺乏这事实和所以对付的方法，才能希
望生活向前进。

二、自然底吝啬

　　生活资料所以缺乏的原因，当然有许多，而其中最重要的，是因为自然这东西过于吝啬。我们先从这一点想。自然对于有些东西很慷慨，能够毫不吝惜地多量供给人们；可是对于特殊的东西，却又非常吝啬地连人所需要的这一点，也不肯如量供给。所以，对于这样的东西，人们应该极力讲究节省消费的方法，并且要使多数的人，都能得到它的好处。即使能够这样，尚且不见得人人能够得到充分的满足，所以，好像自然总是残酷的、吝啬的，人类总是天生成功的运命不好的东西。用浅近的例来说，我们底所以要衣服、住宅、薪炭，等等，都是天然底气候，对于我们底身体太冷、太激烈的缘故。因此，我们不能不努力，设法去利用自然，使它对于我们底生活更加有用，我们非努力不可。这都因为自然太冷酷了，太严格了。自然不允许人们过平易的生活。因为自然底这样的严格又是这样的吝啬，人们受了它底刺激，便不得不用学术底研究，用不挠不屈的勤劳，去利用自然，去征服自然，从自然底大仓库里榨取着无限的生活必需品。这样的自然与人的争斗，一步一步地激烈起来，经济生活也就跟着不断地向前进步了。

三、自然底生产能力

自然底所以能够在经济生活上供给资料，这是因为它能够发挥下列的生产能力。

（1）自然可以当做居住的地方，人们得以生活。

自然虽有适于人们生活的与不适的分别，

但是随着人智底进步，适于生活的土地也会逐渐加起来，就现在说，可以生活的陆地 3 万万方里之内，除了亚洲与美洲北部的 2000 万方里外，差不多都是可以用来生产了。

（2）自然给人们以交通之便。

虽有非洲热带附近的森林、沼泽等等交通不便的地方，但那航行很便的所在，道路、铁路随便可以建筑的所在，有良港良湾的所在，都是生活最宜的地方。

（3）自然含有丰润的地方。

地方底丰润，便是能够产生生活上必要的动植物的能力大，农业上的进步，完全由它支配。虽然日光、降雨等事，有人力所不容易左右的自然条件存在那里，不过依着学术底进步，多少是可以由我们支配的。

（4）自然给人们以矿物。

燃料底煤、火油，食物底盐，工艺品底金银、宝石，此外如铁材、石材等，都是自然所供给的。

（5）自然给人们以自然力。

如汽力、水力、电力等，都是生产上重要的原动力，都是由自然供给人们的。

（6）自然给人们以充分的水。

河海湖泽等等底有用的动植物，对于人们底生活是有很大的影响的。

（7）自然有很大的破坏性，会使生产不调顺。

如寒暑湿度底关系，洪水、火灾、雹霜、地震、暴风等等，都是使人们生活不调顺的很大的原因。

　　以上都是所以支配生产能力的条件，虽然也可以用人力把它改变到相当的程度，但是所以做生产基本的土地底不灭性，总是永久在那里活动，无论人力如何想法，支配还是在那里支配着。换句话说，无论人力如何想法，只能够把疏放的农耕法改变到集约的农耕法，但是那所谓报酬递减底法则存在一天，生活资料就不能够无限制地依着人类底希望而增加。所以，所谓征服自然，也只是在合理的范围内有可能性，否则不仅无益，而且有害。好在人类底智识进步是无限的，所以现在不可能的事情，未必在将来也是不可能，这是已经有许多事实可以证明的了。从此自然与人的争斗，也就越发有了兴味了。

四、人类消费底增加

人们原来是本能地对于异性有种种强盛的性欲的，尤其是在智识还未十分开发，自制力微弱的未开人；他们对于人口底增加，差不多是一点没有什么自动的节制的，这也是常事。所以在自然所供给的生活资料和需要生活资料的人口之间，他们一点也不曾想到怎样去保持调和的方法。结果，是无制限地产生子女，使人口底增加率大大的超过食物底增加率以上。

不单只人口要多起来，就是个人底欲望，也是跟着智识底开发而不绝地增进的，无论在数或质底哪一方面。所以，便成了更多的口，都想吃更多的食物；而自然与人之间底不调和，也就更加厉害了。这便是马尔萨斯所谓"食物只以算术底级数增加，而人口却以几何底级数增加"底原则。在这种情形下面，不是人们跟着智识底进步，自己起而节制生育，便是自然以战争、疫病、天灾等的积极的方法来淘汰人口了。这都是所以缓和自然与人之间的不调和的不得已的手段。

自然与人的争斗越厉害，那末，为着增加人力底能率增大计，便越觉得合理的抑制底必要。如果人力被自然力所征服，人们底进步发达便生了障碍。所以，经济生活底目的，是在设法使人底能力发挥到最大限度，能够利用自然，使生产不断地兴盛起来。

再在个人方面想，在自己一个人底各种欲望满足之间，也不免有种种冲突。比如不正当的欲望得了满足，而正当的欲望反不得到满足，或是各种欲望满足间失了均衡，这都是常有的事情，换句话说，这便是个人底欲望满足间也有争斗。所以，经济是无论在何时在何地，不外三种冲突：（1）自然与人的冲突；（2）人与人的冲突；（3）一个人底异种欲望的冲突。经济生活是成立在这些冲突上面的。

五、争斗手段

究竟是因为自然底吝啬，还是因为人类底不争气？这一层我们暂且置诸不论。总之，眼前底生活，差不多可以说是全在自然与人的争斗上面过的，这是很明白的事情。在这种争斗或不调和之间，我们如果能够很得意地操纵过去，那末，这里面便有无限的经济生活底乐趣可以发见。所以，我们应该研究用怎样的手段或方法，才能够得到调和，可以支持生活。这个问题我想借柯佛（T.N.Conver）博士底主张来说明。

所以经营生活的方法，大概可以分做二

种：（1）非经济的手段；（2）经济的手段。非经济的，又可分做两项，便是破坏的手段和中立的手段。破坏的手段，如战争、盗窃、劫掠、诈骗、假造、搀假、垄断等都是。中立的手段，如以财产为目的底结婚、遗产底承袭、由土地涨价而起的利益底享受等都是。

靠这些手段过活的，多是劳力少而享福多。所争夺的，都是别人所已生产的东西，所以，结果只是人与人争。人类间相互的争夺，是对于人类全体底福利不会有贡献的事情；并且他们所用的多是不义不德的手段，这种手段当然不是有道德的人类所应该取的正正当当的生活方法。我们所应该取的只有经济的手段。

六、经济的手段

立脚在自然与人的争斗上面的生活，只

好靠那经济的手段；靠经济手段去过活，是人类底本务。所靠的种类有三项：

（1）靠第一次生产事业过活的，如从事于农业、矿业、渔捞业、木材业等人是。这是人们对于自然直接的奋斗，从自然方面取出生活底原料品来。社会越进步，将来这一类的活动也会跟着越盛，使无尽藏的自然底仓库，会尽量地供人们底生活的用。起初只由人力去奋斗，现在居然可以借水力、风力、汽力、电力等等的自然力和自然奋斗了，使生产底效果比从前增了几倍或数十百倍。而且又有根据第一次生产所得的生活原料的第二次的生产事业跟着起来，于是乎人们底生活手段便越发高明了。

（2）靠第二次的生产事业过活的，如从事于制造业、运输业、仓库业、商业等人是。这种事业虽然不是从自然方面直接的取了原料，但他们能够把生产的原料加以工作，使原料能够有原始效用以上的效力，这便是因为他们能够把物资在形状方面、时间方面、空间方面加以改变，使它们对人们底生活更为有用。和这第一次、第二次的生产事业相关联的，便有所谓职业的勤劳的必要了。有了这种职业的勤劳之后，生活底手段也便越发复杂，越发扩张了。

（3）靠职业的勤劳过活的，如从事于医术、教育、娱乐等职业的人是。这些都是所以使生活更有意义、更有价值的，社会进化上所必不能少的东西，并且也能使生产能力加大起来。

七、自然与人的调和

自然粗看似乎是很吝啬的，又是过于冷酷

的；然而反转来想，也正可以看出自然底伟大来，看出自然底慈悲来。虽说是人力奋斗底结果，自然究竟以极丰富的生活资料等待人类在那边。只恐人类自己不长进，不能知道所以取之之法而已。自然并不吝啬，自然只不许人们懒怠而已。"不劳动，不得食"，这的确是自然向人们所宣告的严厉的命令。但是我们应该知道，这个跟着人类进步而越发困难的所以供给生活资料的自然条件，只有努力可以把它减轻；我们在物质上、精神上都应该努力向自然底仓库里探求资料。缺乏断不是自然之罪，只是人们之罪。因为人们一方面为着无智而不能尽量地利用自然，又一方面为着制度而不能完满地使人口和食物相调和。

总之，自然与人之间，先天的确有非争斗不可的命运在里面；但我们应该知道，关于这类争斗的人类底活动，正是生活底正体，所以，争斗的生活，不是进步的东西；我们应该靠着经济的生活，去谋自然与人的调和。

Chapter

第六章

06

奋斗生活底武器

一、生活与武器

供给生活资料的自然和靠自然（生产）物而生产的人们中间的关系，是经济生活底关键；使这种关系能够对人类有利地调和，这是经济生活底主眼，是人类底本务。因为在某种意义上，自然确实是吝啬的，自然底生产力确实是有限的，万不能照着不断地增加的个人底欲望和人口底数量而无条件地给人们以生活底必要资料。所以，有奋斗生活底必要，并且是靠着奋斗的生活，人生才有意义。能够过这样的生活，才得有自然与人调和，人们才得攀上生活进化底更上一段的梯阶。把奋斗生活底性质分解起来，最初在很幼稚的社会，只有人与自然的争斗，后来跟着社会底发达，于是又有社会的人与人的争斗、个人的欲望与欲望的争斗。所以，我们底生活是至少由这三种不同的争斗底连续而发达过来的。我们都是先天的负了这种运命而生在地上的。所以，非自强不息地奋斗不可，非不折不挠地作持久战不可，那末，非有战的武器不可。

前面已经说过，人和猿人不同，因为他能够用后肢直立步行，使两只前肢益得自由；后来脑力和手指底技术也越发敏捷了，造了许多工具，来帮助他们做工作，生活便跟着向前猛进。而所以使生活前进的最大的原因，当然是工具底使用和火底利用。不过火底利用也是生活上的一种手段，所以也不妨把它看做工具之一。所以，工具底利用真是奋斗生活上最大的武器了。

二、武器底发达

人类对于武器——工具——起初是没有武器（weapon）与器具（tool）之分的。武器都是所以做防御或攻击用的唯一工具。当时所用的都是种很简单的木棒、兽骨、象牙以及石片等。后来才变做复[1]一点，知道把燧石片缚在棒端或是齿牙小石片类缚在草秆或是木片上；这些不单只用在争斗上，就在日常应用生活上也可以叫它帮助人们，于是乎才有器具和武器之分。

当这时候，又加了火底利用，这真是使人们在生活上得了一种极大的利益。他们可以用火去威吓野兽，这是使他们生活安定的

● 根据上下文意应为"复杂"。——编者注

很好方法；他们又可用来驱除寒气，又可以调
理食物，保藏食物。这些都是对于生活上有
很大的利益的，而火底最大的效用，还在改
良工具这一层上，尤其是在金属工具底制造。
人类自从知道利用火来改良工具、制造金属
的工具之后，他们在生活的方式上，便起了
一个极大的飞跃。因为火底效用伟大，所以
原始人都把它当个含有神性的东西崇拜，罗
马祭祀的僧尼底最大的职务，便是守护那"永
久的火"。

当时的工具多是摹仿人体的。如锯，是
从牙齿上想起来的；如槌，是从拳头变化出来
的；如勺，是摹仿手掌的；如钩，是从指头弯
曲上改良出来的；如小刀，是爪底变形。

在工具很盛地使用之间，又逐渐改良
进步，一直变到所以使生活更便利的什器
（Utensil）了。例如，用牛角来造杯子，用

第六章 奋斗生活底武器 ‖

植物底瓢箪来做水瓶、水壶，用黏土来造各种盛器；更进一步，便知道加上火底作用而发明了陶器。这确实是人类生活史上的一种革命。

广义的工具：第一是武器，第二是器具，第三是什器。这是很可以表明人类前进运动的倾向的，也即是智力进步底技术的表明，同时又是所以表明经济发达物的基础底进路。

现代的文化生活，也不过是继续同系统的进化底行程而已。起初所用的，是以人力做动力的械具，进一步，才有机械；机械底动力，大抵是利用人力以外的动力，如牛、马等。再进一步而有风力、水力、蒸气力、电力，等等的利用，使生产力比以前械具使用时代的大了数十倍或数百倍，最后造成了所谓产业革命，使经济生活根本上受了变化。我们简直可以这样说：一国底物的文明史，无非是械具底发达史；那国里所用的器具机械底种类以及利用底程度，便是那国底文明发达底索引。我们极盼望斯玛德（Smart）说的"富底进步底历史，是叫自然（不是人）加倍辛苦地去勤动❶。把一切人们所认为困难的、污秽的、没趣的工作，都叫装成机械的自然力去负担：这不过是时的问题而已"的话，是绝对的真理。

三、合力底武器

在物的基础上能够使用精巧的机械，这原是在奋斗生活里所以占势力的根本条件，但是能力无论怎样大，个人总是有阻的；所以，孤立的经济时代过去之后，所必要的，便是协力底利用。人类底所以不同于别的动物的，有两种新势力：一是人类底理性；二是人类组织社会的能力。人类用这两种新势力去革新

❶ 根据上下文意，应为"劳动"。——编者注

他们底社会。

　　理性底作用在社会的生活上认识了协同底利益，行使人们所有的先天的组织社会的能力，因而得了许多社会进化的机会。所以，能够使协同底利益充分可能的"社会的生活"，是在生存竞争里最有力的武器。

　　在别的动物里，也有社会生活底利益的自觉。例如，"马，因为社会的精神很发达，当他们被狼或熊攻击的时候、就雨的时候，就互相挤在一起，用体温互相取暖，以免冻死"，"蚁，没有别的动物底保护色，又没有强有力的螯，但是因为他们能够过那种群居的进步的协同生活，所以也得繁殖，而且比别的动物更可怕"。

　　人类能够弃了孤立生活而群居，使理性越发发达，智识越发增进；能够使用言语，能够摹仿别的东西底优点，使智识底发达更加快些：这都是因为他们过着社会的生活，由协同的势力所赐的。克鲁泡特金说："最富有社会精神的动物，是最大的适者。所谓社会的（Sociability）这事情，是进化底重要要素，它直接可以减少能力底浪费，增进种族底幸福，间接可以帮助智识底发达。"

四、协同生活底种类与将来

社会生活底形式有许多种，从协同生活发达底状态方面想，可以把社会的集团分做：（1）"第一次的集团"；（2）"一般的集团"；（3）"自卫的集团"。

属于第一次的集团的，最重要的是家族。家族大概是由男人、女人、小儿三者合成的。男女异性互相集合，过着协同的生活，如果有了子女之后，就成为更强的家族的结合。不过在社会底初期，所通行的多是杂婚制，所以没有特定的男女关系就可以有子女；有了子女之后，才觉得夫妇协同生活底重要。所以是有了子女才结婚，不是如现在那样结婚之后，才有子女。

在这种家族生活里，家族的关系当然不能十分有力，往往为食物底缺乏而破坏夫妇的关系，只有母子之间的关系比较来得密切些。

一般的集团，有一种是精神的结合，便是宗教的集团；还有一种是世俗的结合，便是国家的集团。第三种自卫的集团，是职业及娱乐的集团。

在历史上文明进步底历程中，个人方面的工具底利用、社会方面的协同生活底利益，都是进化底主动力。在近代史中也是如此，

Kartell Trust，Helding Company， 等 等，都是 19 世纪以后的极大的协同组织。协同底另一面便是分工。有了分工，才见协同的利益底更大；也是有了协同，才见分工的利用底更大。这两件是近代经济生活底腹背两面。可惜这些大都只应用在生产方面，而在消费方面则只有小规模的应用；所以，近代经济中，生产和消费的进行，成了一种跛足的形状。在这种跛足形状底下，生产无论是怎样的发达，而所以做经济主体的人底生活，却是依然不得充分的进步。

要谋今后奋斗生活底发达，仍旧是非充分地利用协同底原则不可。尤其是在眼前，因为资本主义猖獗底结果，使多数无产者虽是忠实地勤劳，而仍不能得到足供温饱的代价。今后中等以下的人，也要像资本家一样，在各方面多多合理地应用协同底原则。这是所以完成现代社会生活的绝对的必要条件。所以，如中等阶级合作运动、知识阶级合作运动、各种职业合作运动、消费合作运动、佃户合作运动、劳动合作运动等，都是眼前最紧要的工作。这类运动如果能够合理地发达起来，那末，经济生活才得有完满进步底希望，这是从历史上很容易证明的真理。

Chapter
第七章
07

从机械的世界进向和平生活

一、机械的世界

在自然与人争、人与人争、自己底欲望与欲望争中的所以完成我们生活的，是争斗底武器。人之所以能够进化到猿类以上的道理，也是因为能够使用工具。所以，今后人文底进步，当然仍旧要看工具底发达如何。现在是个机械的世界，能够使用更精良的工具的，就在奋斗生活里占了优胜的地位；只能使用幼稚的工具的，在奋斗生活里就不得不落到劣败的悲境。所以，到达生活行为底目的底最有效的手段，是发达工具，使用工具，去征服自然，使自然为我用。因此，我们可以知道，研究现代机械发达底影响于生活的情形如何，奋斗生活底将来发展如何，都是讨论生活进化的必要的工作。

这里最先应该讨论的，是近来所已发明的机械底应用，如何使劳动底方式变了样。劳动底方式一变，生活底情形也就不能不跟着变了。从前是轿夫，现在变做车夫了；从前是驿夫、马夫，现在变做电车、汽车夫了。这轿夫、马夫与电汽车夫之间的生活底变化，都是机械利用底结果。同样，从前顽强的斯拉夫人劳动者，50 人费了一周的工夫，才能做成的矿山工作，现在只要有一文弱的技师，用了采矿机，在一天之内就可以完工。

亚丹·斯密看了 18 世纪的机械的分工底效力，一个人一天能够制造 5000 枚针，在《原富》上拼命描写。然而现在已经增加到 120

第七章　从机械的世界进向和平生活 ‖

万枚了。机械和分工的增加生产能力，有这
样的伟大。

　　说得详细一点，假定是制造 480 枚针，
新旧两法间制造力相差如下表：

工作底种类	新　式（分）	旧　式（时）	新式优于旧式的力量（倍）
引长针条	6.0	4.0	40
切断针条	26.4	129.0	293
穿　　孔	25.6	3.9	9
加　　白	1.8	0.5	17
使针干净	3.0	1.0	20
磨　　锐	1.2	0.5	25
包　　纸	30.0	2.0	4
制造一斤的针（12包）所需的总时数	1小时34分	140时55分	90

　　又，据美国人 1908 年调查的手工业与机
械的相差，如下列的三个表。

（一）制造 10 个犁（耕作机）

手工业所需的是：

劳动者人数	2 人
生产阶段（分工数）	11
劳动时间（总时数）	1180 小时
工钱总额	108 元

机械工业所需的是：

劳动者人数	52 人
生产阶段	97（人数越多，段数更多）
劳动时间	37.5 小时
工钱总额	16 元弱

（二）制造 100 副钟表齿轮

旧式家内工业所需要的是：

劳动者人数	14 人
生产阶段	453
劳动时数	342 小时弱
工钱总额	162 元弱

机械工业所需的是：

劳动者人数	10 人
生产阶段	1088
劳动时数	8 小时强
工钱总额	3.6 元

（三）织 1500 尺布

旧式工业所需的是：

劳动者人数	3 人
生产阶段	19
劳动时数	7534 小时
工钱总额	271.2 元

机械工业所需的是：

劳动者人数	252 人
生产阶段	43
劳动时数	84 小时
工钱总额	13.6 元

由上表看来，机械利用最大的结果是生产力增加；再把它分开来说，便是一方面劳动人数与生产阶段的增加，而另一方面又是劳动时间与生产费上工钱底减少。这里面更可以看出机械对于人们的利与弊。

二、机械所给与人们生活上的弊

机械底发达，确是所以促进经济界的利器，然我们不能不将它从利弊两方面仔细想一想。先从弊方面说。

斯宾塞以为机械底发明，会使劳动者底动作流于单调，而且是被动的。因为这种动作，始终须留意在不变化的一小局部，只要用特别的神经作用底某一部分，使别的作用没得活动的机会；结果，不单只会使精神在消极、积极两方面都受了害，在肉体上也是受害不浅。且劳动者有寒暑两不相宜的作场，呼吸着不洁净的空气，做长时间不均匀的筋肉动作，怎能不使他们底健康受害呢；所以，维廉莫利斯甚至于说："机械是会夺了人们底生气，使他们变做没有精神的自动傀儡……"

机械确实有人力所不及的伟力，也有同样的危险性。所以，你若同它去竞争，结果便会引起前段所说的弊害来。不过在进步的时代里，应该是人们使用机械，万不可被机械所用，那未机械一定会给极大的利益与人们。

三、机械所给与人们生活上的利

机械所以对于生产有利的原因是：（1）机械能够减少筋肉紧张底程度，免除过激的疲劳；（2）使只有平凡的体力与才能者也得工作底机会；（3）使工作迅速；（4）使很大与很细的工作也得容易进行；（5）因为所从事的工作简单，可以减少没变化的劳动底苦痛；（6）因为是极正确的工作，所制作的多是可以互相掉换的部分，对于机械修缮上比较的便利。

因为对于生产上有这许多利益，当然的结果，对于劳动者至多也有下面的三项好处：（1）物价低廉底好处。机械底利用，使生产费减轻，因而生产品底价格降低，结果使劳动者在生产者地位所受的损失，在消费者地位上可以取偿。（2）靠着机械底应用，使生产力大大的增加，因此，劳动者底地位也得提高。（3）靠着机械底应用，可以实行劳动底经济，使一般生活能力，都能有利地利用，这对于生活底向上是很有效的条件。

所以，如果人们能够不为机械所用，而去利用机械，一定可以使生活底充实与向上，

都在机械上找出极大的帮助来。总之，机械
在生活进化上不是个可以咒诅的东西，倒要
靠机械才能实现理想的生活。

四、平和生活底实现

在近代机械已发达的时代里，社会各方
面靠着机械底应用而越发进步越发发达，这
是当然以上❶的事情。但是在古代机械底应用
还不广，而他们所做的事业有非近代文化所
能冀及的，这也很多，如埃及底金字塔与方
尖塔、美索不达米亚底已废的大都会、美洲
古代人底建筑物。他们在当时既没有使用铁
或牲畜的智识，更没有用杠杆、螺旋、滑车
等的简单机械的方法，而还能做那样伟大的
工作，这完全是靠着协力。

---

❶　疑为当时常用语。——编者注

所以，我们如果能够在机械应用上，再加充分的合理的协力底利用，那末，将来人类所能做的事业，真是无可限量的。

这种变化，不单只在物质方面有，就在精神方面也有。例如，各种印刷机械底发明，其影响到智识底普及方面是如何，这是可以不必说了。其实生产力底增进，不单使人们底肉体的与智能的力量都增加，就在道德方面也是如此。将来大家如果能够切实地认识道德力底重要，那末，所谓德义的改造，这事情未见得不可能。那时候人们跟着欲望底进化而起的需要，也会逐渐变做合理的，对于一切奢侈品或有害物的需要也减少了，而且那一向为着这一类制造而消耗的劳动力，都可转用到生活必要品底生产方面去。那末，生产底成绩自然更加好，而生活资料也就更加丰富了。

第七章　从机械的世界进向和平生活

结果，支配在需要供给底原则下的生活资料底价格也会降低，而民众底经济生活自然也容易了。这种情形，如能在各方面都发展开去，那末，一方面使经济物逐渐变成自然物相近似的东西；另一方面，又因为人人底勤动 ❶ 都得有合理的目的，使目的集中在行为之内，自然可以减少劳动底苦痛，使劳动能得游戏化。到了这个时候的社会，我相信早已是个乐园了。

那末，这种平和生活的时代，在什么时候才能达到呢？这是个很难回答的问题。恐防在将来如果不起我们现在所不能想象的大变化或革命，就在数千年、数万年之后，也是不会实现的。但是我们在历史上看起来，又难保那个现在所不能想象的大变化或革命，即更可怕的机械底发明或制度底改革，不就

---

❶　根据上下文意，应为"劳动"。——编者注

会起来。将要到来的经济革命，或许会来得意外的快呢！到那时候，人们能征服自然，人们自己底价值也高了。所以，眼前奋斗生活底暗黑处，或许就是平和生活底曙光底所在。

Chapter
第八章
08

过活方法底进化

第八章　过活方法底进化

一、过活

带了生命到世上来的东西，最紧要先解决的问题，便是怎么活法。因为能够过最合理的且最进步的活法的，便成为生物界底勇者；而所以使他们底活法更加发达、更加进步的，这便是支配生物界的进化底原则。人类因为他们底活法比别的动物更好，所以在竞争场里占了优胜，得了眼前的地位；那末，将来也应该跟着时代底进步而更改善他们底活法，这也是相当然的事情。

然而活法是很复杂的，和宗教的、艺术

的、社会的、政治的、经济的各方面都有关系。单在经济方面说，也有风俗、习惯等惰性，在生活上也有很强的执着力，所以，须把这个事实用科学的研究法，从经济生活发达的历史上，下一番解剖的工夫。这是对于将来生活底改善方面，也许不是无益的工作吧。

二、去找的活法

从原始时代到现在，关于人类生活的方法，可以分成两类。

（1）靠着去找的东西而过活的方法（to find）。

（2）靠着去做的东西而过活的方法（to make）。

这两种方法，也是所以区别野蛮时代和

第八章　过活方法底进化 ||

文明时代的一个标准，原始人完全是靠第一法的，文明人就靠第二法过活了。野蛮人没有自己生产食物的能力，饥了就向山野水边去找，以图食欲底满足。文明人就不如此，他们除了天然底恩惠物外，还会自己去加工，自己去生产。生产底方法，当然是跟着人智识底发达而改进的，那末，也可以说生产方法怎样，即过活底方法怎样，便是那一国文化底程度怎样的一种索引。

只靠找寻而过活的时代，在经济发达阶段中是最幼稚的一段；里斯特（List）、伊里（Ely）一派人，便把它叫做野蛮时代，或是狩猎时代。这个时代底特性，是要有丰饶的自然恩惠，而人口又是非常稀少。他们不单只不知道驯养动物、栽培植物的方法，就是贮藏食物的事情也不懂，所以遇到自然底恩惠丰饶的时候，就暴饮暴食一场，否则就是

103

苦饿，甚至于死饿。他们生活底情形，真是只有"宴会和饥馑的交换"而已。他们所居住的地方，如果是靠近山野，就靠狩猎过活，这叫狩猎种族；如果是靠近河川，就靠渔捞为常业，这叫做渔猎种族。渔猎人比狩猎人来得有定居，这是因为狩猎人所需要的土地须广些——有人约计当时每人须有 78 平方哩以上的面积才得过活——而且性格也比狩猎人来得温和些。

这种纯然靠"去找"的方法而生活的人，后来因为人口底增加和人智底开发的结果，觉得绝对依赖自然物过活有些困难，于是乎逼迫着他们不能不进一步想到"去找"与"去做"的中间的手段，这就是动物底饲养与植物底耕作。此后他们底生活就得了一种很大的进步。

三、靠饲养动物的生活法

单靠去找自然产物的生活，实在是很危险而且不完全，所以到后来就慢慢地学会了用人力饲养狩猎所得的动物这事情。起初原是为着爱玩底目的，后来进变到做生活上的生产的目的了，这被饲养的东西，便是我们底所谓家畜。但他们还不知道所以栽培植物的方法，因此，在一地方到了天然的饲料告乏的时候，他们就不能不转迁到别地方去。这是游牧生活底开始，学者把这时代叫做游牧时代。

在这时代的生活法比前已经进步多了，生活上也多少有了余裕，而且所以资生的必要的土地面积，也已大大的减少了，大约在一平方哩内，已经可以活到二人至五人。但是跟着生活底安定，人口底增加率也就大起来了，结果，时时因为食物底缺乏而引起了种种的战争。不过那时所以生产食料的方法，比以前已经进步得多，对于捕虏中的女子或小儿等，再没有一定要把他们杀掉底必要，而且人肉食用底风俗也已减了。所以，把从前的杀人以及人肉食用等的暴行弃了，而代之以奴隶使用。在那时候还没有商业，所行的是一些物物交换。而且这种交换，起初也不过是种赠送品底授受。进一步才变到现物交换，再进一步才有币物交换，商业也就跟着复杂起来了。

四、靠耕作植物的生活法

已经知道饲养动物的人，进一步又学会了栽培植物的方法，学者把这个时代叫做农业时代。在这时代里人们除了去找自然产物之外，又能饲养动物，又能栽培植物，所以他们底生活资料比以前丰富得多了，在一定

的面积里，大抵可以资生到比游牧人民多六
倍的农民。

　　人们有了农耕之后，才能在一个地方作久
住安居之计，于是社会的关系也密切起来了，
将来文明时代发展上所需的要素，也在此时
逐渐萌芽了。在这时代最要的特征，是农业
底性质，会使人们认识劳动底可贵、勤劳底
必要，知道工作是生活底基本。但一面却又
迫成了奴隶制度。财富增进底结果，交换也
盛了，商业也渐有发达的倾向了。食物能够
按期生产，生活也就有了余裕，这是所以使
人智前进、欲望激增的根本原因。跟着经济
关系的复杂，各种制度组织也就相继而起了，
一直进化到现代的情形。因为到了现代初期
的生活变化的情形过于复杂，似乎非有更详
细的说明不可，这里为节省篇幅计，便以下
表作结束。

经济发达阶段（生活方法底进化）表

根据生活方法的	根据生产方法的	根据经济范围的	根据交换方法的	根据劳动方法的
一、"去找"的时代	一、狩猎	一、孤立经济	一、互相赠送	一、杀人
二、饲养时代	二、游牧		二、物物交换	二、奴隶
三、耕作时代	三、农业			三、农奴
四、工具（械具）生产时代	四、手工	二、都市经济	三、货币经济	四、自由劳动习惯契约
五、机器生产时代	五、工业	三、国民经济	四、信用交换	五、自由劳动个人契约
		四、世界经济		六、自由劳动团体契约

编后记

刘叔琴（1892～1939），学名刘祖徵，字叔琴，浙江镇海人，著名教育家、历史学家，开明书店编辑，"白马湖作家群"成员。曾留学日本，毕业于东京高师，曾任春晖中学总务主任兼公民、史地、日文教员，宁波师范学校教育教员，立达学院史地教员，世界书局编辑。

刘叔琴精研社会科学，思想进步，著述颇丰，著有《教育与人生》《生活进化史 ABC》，译著《民众世界史要》等。在教学方法上，将演讲作为一种教育方法，其在春晖中学的演讲与著文有《欧洲思想史的二大潮流》《十月十日》《欧洲思想的三次大改动》《五四》《选修课的说明》《个人主义和社会主义》《从旅行的感想推论到公民教育》《个人主义的社会及社会主义的社会中经济原则上根本的不同点》《课余》《汉民族西来说》《拉斯钦的经济思想》等。

《生活进化史 ABC》是一部以马克思主义为指导的人类社会学著作，强调生产力在历史发展中的决定作用，以辩证法的原则分析历史。作者将人类发展分为野蛮人、半开化人、文明人和文化人四个阶段，根据历史发展的实际，着重阐述了前三个阶段的进化之路，指出了人类从野蛮走向文明的两大主因——"经济"的和"机械"的。虽然部分观点在今天看来有些不妥，但这是中国学界用科学方法指导和研究人类发展史的难得的普及之作，对于今天的读者认识人类发展史仍然具有一定的指导意义。

本次整理以世界书局 1928 年版为底本，将原书竖排、繁体改为适合当今读者习惯的横排、简体版，尽量保持原书的民国风貌，只对其中个别知识性错误以"编者注"的形式处理，标点、数字的用法等略作符合现代标准和阅读习惯的方式修改。限于编者水平所限，其中难免错漏，祈请读者批评指正。

刘　江

2016 年 11 月